IL MONDO DEGLI ALGORITMI

COME CI CONDIZIONANO

COME CI GESTISCONO

IL FUTURO COSA CI RISERVA

Francesco Paolo Sguera

Prima Edizione 2023

Prefazione

Nel mondo sempre più connesso e digitale in cui viviamo, gli algoritmi sono diventati i custodi silenziosi ma potenti del nostro quotidiano. Ci condizionano, ci gestiscono, e insieme a noi, stanno dando forma ad un futuro in continua evoluzione. Questo libro, "Il Mondo degli Algoritmi", è un'indagine approfondita di come questi "pensieri meccanici" abbiano permeato tutti gli aspetti della nostra vita, dall'intrattenimento alla sicurezza, dalla scienza all'arte.

Come Ci Condizionano

Gli algoritmi ci condizionano in modi sottili e sorprendenti. Sanno cosa vogliamo prima che lo sappiamo noi stessi, grazie a potenti algoritmi di raccomandazione. Ci influenzano nell'acquisto di prodotti, nella scelta delle notizie che leggiamo e persino nella scelta del partner ideale. Tuttavia, questo condizionamento non è necessariamente negativo. Gli algoritmi possono semplificare la vita, offrendo soluzioni rapide e personalizzate ai nostri problemi quotidiani.

Come Ci Gestiscono

Gli algoritmi hanno un impatto notevole nella gestione di molte sfide contemporanee. Nella sanità, assistono i medici nella diagnosi e nella pianificazione dei *trattamenti. Nella mobilità, rendono possibile la guida autonoma, promettendo una maggiore sicurezza ed efficienza. Tuttavia, ciò solleva anche domande etiche sulla responsabilità delle decisioni prese dagli algoritmi e su come gestire le conseguenze in caso di errori.*

Il Futuro: Cosa Ci Riserva

Il futuro degli algoritmi è promettente e al contempo affascinante. La progettazione di algoritmi quantistici sta aprendo nuove frontiere in campi come la crittografia e la simulazione. L'automazione avanzata sta portando a nuovi algoritmi autonomi che potrebbero rivoluzionare settori come la logistica e la produzione. Ma con queste opportunità emergono sfide etiche e morali che richiedono un'attenzione rigorosa.

Questo libro è un'immersione nell'affascinante mondo degli algoritmi, un viaggio attraverso il presente e il futuro della tecnologia e della società. Esploreremo come gli algoritmi ci condizionano e ci gestiscono, e ci interrogheremo sulle sfide etiche che dobbiamo affrontare nel loro utilizzo. Prepariamoci a svelare i segreti e le potenzialità dei pensieri meccanici che stanno trasformando il nostro mondo.

Introduzione agli Algoritmi

Gli algoritmi sono il fondamento su cui si basa gran parte della moderna informatica e della risoluzione di problemi. Essi rappresentano una sequenza di istruzioni ben definite e ordinate che vengono utilizzate per risolvere un problema specifico o eseguire un compito. Queste sequenze di operazioni possono essere eseguite da esseri umani, ma sono fondamentali nei calcolatori e nei computer, dove possono essere eseguite in modo rapido ed efficiente. In questo capitolo, esploreremo la definizione di algoritmo, la loro importanza nella nostra vita quotidiana e forniremo un'analisi delle basi storiche degli algoritmi e dell'informatica.

Definizione di Algoritmo

Un algoritmo è una serie di passaggi o istruzioni chiaramente definite e ordinate che consentono di risolvere un problema o eseguire un compito specifico, ogni passo dell'algoritmo deve essere chiaro e preciso, senza ambiguità o interpretazioni multiple. I passi dell'algoritmo devono essere elencati in un ordine specifico da seguire e deve terminare dopo un numero finito di passaggi, producendo un risultato o completando il compito.

Gli algoritmi possono affrontare una vasta gamma di problemi, dalla risoluzione di equazioni matematiche complesse alla classificazione di immagini, all'ottimizzazione di percorsi di viaggio e molto altro. Sono la base su cui si basano molti software e applicazioni informatiche che utilizziamo quotidianamente.

Importanza degli Algoritmi nella Vita Quotidiana

Gli algoritmi hanno un impatto significativo sulla nostra vita quotidiana e sono onnipresenti in una serie di aspetti. Per esempio, quando utilizziamo un'app di navigazione per trovare la strada migliore per raggiungere una destinazione, stiamo seguendo un algoritmo che calcola il percorso ottimale.

Quando effettuiamo ricerche su Internet, motori di ricerca come Google utilizzano algoritmi complessi per restituire risultati pertinenti.

Piattaforme come Netflix e Amazon utilizzano algoritmi di raccomandazione per suggerire prodotti o contenuti basati sui nostri interessi e sul nostro comportamento passato.

Gli algoritmi determinano quali contenuti visualizziamo nei nostri feed social, basandosi sulle nostre interazioni e preferenze.

Nell'ambito medico, gli algoritmi vengono utilizzati per diagnosticare malattie, pianificare trattamenti e analizzare dati clinici.

Gli algoritmi di crittografia proteggono le nostre comunicazioni e dati personali online.

Nei settori manifatturieri, gli algoritmi controllano macchinari e processi per migliorare l'efficienza e la qualità della produzione.

Essi rappresentano la spina dorsale della tecnologia moderna e della società digitale, contribuendo a rendere la nostra vita più efficiente, personalizzata e sicura.

Breve Storia degli Algoritmi e dell'Informatica

La storia degli algoritmi e dell'informatica è una progressione affascinante di innovazione e scoperte.

In Antichità Concetti algoritmici rudimentali risalgono all'antichità, con matematici come Euclide che svilupparono algoritmi per la geometria e l'aritmetica.

Nel XIX secolo George Boole introdusse il calcolo proposizionale, fondamentale per la logica booleana, e Charles Babbage concepì la "macchina analitica", un antesignano dei moderni computer.

Nel XX secolo Alan Turing sviluppò la macchina di Turing, un modello teorico di calcolatore, durante la Seconda

Guerra Mondiale. Nel 1945, l'ENIAC fu il primo calcolatore elettronico generale.

Negli anni '50 e '60 emergono linguaggi di programmazione come Fortran e Cobol, consentendo l'uso dei primi computer in applicazioni scientifiche e aziendali.

Negli anni '70 e '80 la diffusione dei personal computer portò l'informatica nelle case delle persone. Iniziarono a diffondersi algoritmi di ricerca e ordinamento.

Negli anni '90 e 2000 l'avvento di Internet e del World Wide Web rivoluzionò la comunicazione e l'accesso alle informazioni. Google, fondato nel 1998, divenne un pioniere nei motori di ricerca basati su algoritmi avanzati.

Oggi gli algoritmi di intelligenza artificiale, machine learning e blockchain stanno trasformando settori come la medicina, la finanza e l'industria, aprendo nuove frontiere di innovazione.

In conclusione, gli algoritmi sono il cuore della nostra vita digitale e rappresentano un campo in continua evoluzione. La comprensione degli algoritmi è fondamentale per sfruttare appieno le potenzialità della tecnologia moderna e per adattarsi a un mondo sempre più orientato all'informatica. Nel corso di questo libro, esploreremo ulteriormente i concetti fondamentali degli algoritmi e le loro applicazioni pratiche.

Capitolo 1

Algoritmi e Società

Gli algoritmi sono diventati una parte onnipresente della nostra vita quotidiana e hanno un impatto significativo su vari settori della società. In questo capitolo, esamineremo come gli algoritmi influenzano settori chiave come la pubblicità, l'industria, la medicina e la politica, con un focus sul ruolo dei big data nell'ottimizzazione degli algoritmi.

Gli algoritmi hanno rivoluzionato il settore della pubblicità. Le piattaforme digitali come Google e Facebook utilizzano algoritmi per analizzare i dati degli utenti e mostrare annunci mirati. Questo ha reso la pubblicità online estremamente efficace e ha creato un nuovo paradigma in cui gli annunci sono personalizzati per ogni utente. Tuttavia, questo solleva questioni sulla privacy e sulla manipolazione dell'opinione pubblica attraverso la pubblicità mirata.

Nell'industria, gli algoritmi vengono utilizzati per ottimizzare la produzione e la catena di approvvigionamento. L'Internet delle cose (IoT) e i sensori integrati consentono la raccolta di enormi quantità di dati, che vengono poi analizzati da algoritmi per ottimizzare i processi produttivi, migliorare la manutenzione predittiva e ridurre i costi.

In campo medico, gli algoritmi sono utilizzati per la diagnosi, la previsione delle malattie e la personalizzazione dei trattamenti. Gli algoritmi di apprendimento automatico possono analizzare grandi dataset di dati clinici e genetici per individuare modelli e tendenze che possono aiutare i medici a prendere decisioni più informate. Questo può portare a diagnosi più accurate e a trattamenti personalizzati per i pazienti.

Gli algoritmi hanno anche un impatto significativo sulla politica. Vengono utilizzati per analizzare dati elettorali, identificare elettori mirati e influenzare il comportamento degli elettori attraverso la segmentazione degli annunci politici. Ciò solleva preoccupazioni sulla manipolazione delle elezioni e sull'uso improprio dei dati personali.

Esempi di algoritmi

I motori di ricerca, i social media e le piattaforme di streaming utilizzano algoritmi di raccomandazione per suggerire contenuti personalizzati agli utenti.

Algoritmi di apprendimento automatico: In medicina, gli algoritmi di apprendimento automatico vengono utilizzati per la diagnosi di malattie, come il cancro.

Algoritmi di trading ad alta frequenza: Nell'industria finanziaria, gli algoritmi di trading ad alta frequenza eseguono operazioni finanziarie in millisecondi, influenzando i mercati globali.

I big data svolgono un ruolo cruciale nell'ottimizzazione degli algoritmi. Più dati sono disponibili per l'analisi, più precisi e efficaci diventano gli algoritmi. Le aziende e le istituzioni raccolgono enormi quantità di dati dai sensori, dai dispositivi connessi e dalle interazioni online degli utenti. Questi dati alimentano gli algoritmi e consentono loro di adattarsi e migliorare nel tempo.

In conclusione, gli algoritmi sono diventati una forza trainante nella società moderna, influenzando settori chiave plasmando il nostro comportamento online e offline. Il loro impatto è amplificato dai big data, che alimentano la loro crescita e complessità. Tuttavia, questo solleva anche questioni importanti sulla privacy, la sicurezza e l'etica nell'uso degli algoritmi nella società contemporanea.

Capitolo 2

Bias e Etica degli Algoritmi

In questo capitolo, esploreremo la questione del bias negli algoritmi e il loro impatto sulle disparità sociali, analizzeremo le normative e i principi etici nella progettazione e nell'uso degli algoritmi, e studieremo casi concreti di discriminazione algoritmica.

Gli algoritmi possono introdurre bias indesiderati nei loro risultati a causa dei dati con cui vengono addestrati. Questi bias possono riflettere pregiudizi e disuguaglianze sociali esistenti. Ad esempio, se un algoritmo viene addestrato su dati storici che riflettono discriminazioni di genere o razza, potrebbe continuare a perpetuare tali discriminazioni nei risultati futuri. Questo ha il potenziale di esacerbare le disparità sociali anziché mitigarle. Sarà cruciale esaminare come affrontare il bias negli algoritmi e sviluppare soluzioni per mitigarlo.

Bias ed Etica degli Algoritmi

Il bias negli algoritmi rappresenta una questione critica nell'ambito dell'informatica e dell'intelligenza artificiale, poiché può avere effetti significativi e spesso indesiderati. Il bias si verifica quando gli algoritmi mostrano una preferenza sistematica per determinati risultati o gruppi rispetto ad altri. Di seguito viene mostrata una panoramica dettagliata delle questioni legate al bias negli algoritmi:

Origini del Bias

Uno dei principali fattori che contribuiscono al bias negli algoritmi è la qualità dei dati di addestramento. Se i dati di addestramento contengono pregiudizi o disuguaglianze, l'algoritmo potrebbe apprenderli e rifletterli nelle sue decisioni.

Il bias può essere introdotto dai processi umani che raccolgono e annotano i dati. Ad esempio, se i revisori etichettano i dati in modo sbagliato o se la selezione dei dati è influenzata da pregiudizi, ciò può creare bias.

Alcuni algoritmi possono incorporare implicitamente bias a causa delle scelte fatte nella loro progettazione. Ad esempio, l'uso di determinate feature o metriche di valutazione può influenzare le decisioni dell'algoritmo.

Esempi di Bias

Bias di Genere: Gli algoritmi possono mostrare bias di genere in diverse applicazioni, come il reclutamento, dove le decisioni di assunzione possono essere influenzate da stereotipi di genere.

Algoritmi utilizzati in applicazioni come la giustizia penale e i prestiti finanziari possono mostrare bias razziali, portando a disuguaglianze nei trattamenti.

Gli algoritmi possono anche riflettere bias socioeconomici, influenzando le decisioni relative al credito o all'accesso ai servizi.

Impatti del Bias

Il bias negli algoritmi può portare a discriminazioni ingiuste e alla perpetuazione di disuguaglianze esistenti.

Gli utenti possono perdere fiducia negli algoritmi se percepiscono che i risultati sono influenzati da bias.

Il bias può portare a decisioni errate o fuorvianti, portando a informazioni distorte.

Affrontare il Bias

Raccolta di Dati Rappresentativi: È essenziale utilizzare dati di addestramento che siano rappresentativi e privi di bias.

Gli algoritmi dovrebbero essere costantemente monitorati per rilevare e ridurre il bias. La correzione del bias dovrebbe essere una parte continua del processo.

Le agenzie governative e le organizzazioni di settore dovrebbero stabilire regolamentazioni che richiedano la valutazione e la mitigazione del bias negli algoritmi.

Promuovere la diversità e l'inclusione nella progettazione degli algoritmi e nella raccolta dei dati può contribuire a ridurre il bias.

In conclusione, affrontare il bias negli algoritmi è fondamentale per garantire decisioni giuste ed etiche nell'era dell'intelligenza artificiale. È un compito complesso che richiede una combinazione di buone pratiche nella raccolta dei dati, vigilanza costante e un impegno a promuovere la diversità e l'inclusione nella progettazione degli algoritmi.

Gli algoritmi dovrebbero essere trasparenti e comprensibili, in modo che gli utenti possano capire come le decisioni sono state prese. Questo aiuta a creare fiducia e responsabilità.

Etica degli Algoritmi

L'etica degli algoritmi è una disciplina emergente che si concentra su come i sistemi basati sull'intelligenza artificiale (AI) e gli algoritmi debbano essere sviluppati, utilizzati e regolamentati in modo etico. Questo campo si è sviluppato a causa dell'aumento significativo dell'uso di algoritmi in una vasta gamma di applicazioni, da sistemi di raccomandazione su piattaforme di streaming a decisioni cruciali in settori come la giustizia penale e la sanità. Ecco una panoramica dettagliata dell'etica degli algoritmi:

Principi Etici Fondamentali

Gli sviluppatori di algoritmi dovrebbero rendere trasparenti le loro decisioni e i processi di addestramento, consentendo agli utenti di comprendere come vengono prese le decisioni.

Le organizzazioni che sviluppano e utilizzano algoritmi dovrebbero assumersi la responsabilità delle decisioni degli algoritmi. Ciò include la responsabilità legale in caso di danni.

Gli algoritmi dovrebbero essere progettati per essere equi e non discriminare nessun gruppo di persone sulla base di caratteristiche come razza, genere, età o orientamento sessuale.

La raccolta e l'uso dei dati da parte degli algoritmi dovrebbero essere conformi alle leggi sulla privacy e rispettare la privacy degli utenti.

Gli utenti dovrebbero dare il loro consenso all'uso di algoritmi quando le decisioni degli algoritmi riguardano direttamente la loro vita o la loro privacy.

Applicazioni Pratiche

Gli algoritmi vengono utilizzati per la previsione della recidiva e la valutazione della pericolosità. L'etica richiede che tali sistemi siano equi e non discriminanti.

Gli algoritmi vengono utilizzati per diagnosi mediche e decisioni terapeutiche. L'etica richiede trasparenza e responsabilità nel processo decisionale.

Le piattaforme digitali utilizzano algoritmi per raccomandare contenuti. L'etica richiede la trasparenza nell'algoritmo di raccomandazione e il rispetto della privacy.

Gli algoritmi utilizzati nei veicoli autonomi devono affrontare decisioni etiche, ad esempio in situazioni di emergenza. La responsabilità e l'equità sono cruciali.

Ricerca e Normative

La ricerca nell'ambito dell'etica degli algoritmi è in costante evoluzione, e vi sono organizzazioni, università e aziende impegnate nello sviluppo di linee guida etiche per l'uso degli algoritmi. Inoltre, diverse giurisdizioni stanno considerando leggi e regolamentazioni per garantire l'uso etico degli algoritmi in settori sensibili.

In conclusione, l'etica degli algoritmi è fondamentale per garantire che l'IA sia utilizzata in modo responsabile ed etico, evitando discriminazioni ed ingiustizie. L'adozione di principi etici fondamentali, come trasparenza, responsabilità ed equità, è essenziale per creare un ambiente in cui gli algoritmi possano essere un'forza positiva nella società e non contribuisca a discriminazioni e ingiustizie conti.

Capitolo 3

Algoritmi ed Intelligenza Artificiale

In questo capitolo, esamineremo la differenza tra algoritmi tradizionali ed algoritmi di machine learning, scopriremo come funzionano gli algoritmi di apprendimento automatico e di intelligenza artificiale, e esploreremo applicazioni pratiche di algoritmi di IA in diversi settori.

Differenza tra algoritmi tradizionali e algoritmi di machine learning

Gli algoritmi tradizionali e quelli di machine learning sono entrambi strumenti di elaborazione dati, ma presentano differenze significative nei loro approcci, capacità ed applicazioni. Di seguito si riporta una dettagliata analisi delle differenze tra questi due tipi di algoritmi.

Approccio

Gli algoritmi tradizionali seguono istruzioni specifiche e regole predefinite per risolvere un problema. L'approccio è basato su una logica e una struttura di controllo ben definite.

Gli algoritmi di Machine Learning: Questi algoritmi apprendono dai dati. Non seguono istruzioni esplicite, ma piuttosto identificano modelli e tendenze dai dati di addestramento e li applicano per prendere decisioni.

Addestramento

Gli algoritmi tradizionali non richiedono un processo di addestramento specifico. Sono progettati manualmente da programmatori esperti.

Algoritmi di Machine Learning richiedono un processo di addestramento su un insieme di dati noto come "set di addestramento". Durante l'addestramento, l'algoritmo regola i propri parametri per adattarsi ai dati e apprendere dai pattern.

Flessibilità

Gli algoritmi sono spesso più rigidi e richiedono un aggiornamento manuale se le regole o i requisiti cambiano.

Gli algoritmi M.L. sono più flessibili e possono adattarsi a nuovi dati e situazioni senza modifiche significative al codice. Questa flessibilità è particolarmente utile in situazioni in cui i dati cambiano o evolvono nel tempo.

Uso dei dati

Gli algoritmi tradizionali utilizzano dati come input, ma il loro funzionamento è basato principalmente su regole predefinite.

Fanno uso intensivo dei dati per apprendere e prendere decisioni. La quantità e la qualità dei dati di addestramento influenzano significativamente le prestazioni dell'algoritmo.

Esempi di Applicazione

Gli algoritmi tradizionali sono spesso utilizzati in applicazioni in cui le regole sono ben definite, come l'elaborazione di dati strutturati, la gestione delle basi di dati, i calcoli matematici e la logica.

Gli algoritmi di Machine Learning: Sono ampiamente utilizzati per problemi di riconoscimento di modelli, classificazione, predizione, elaborazione del linguaggio naturale, visione artificiale e altre applicazioni in cui ci sono pattern da estrarre dai dati.

Spiegabilità

Gli algoritmi Tradizionali sono spesso più facili da spiegare e interpretare perché le regole sono esplicite.

Gli algoritmi di Machine Learning possono essere difficili da spiegare in quanto il loro funzionamento si basa su complessi modelli matematici.

L'interpretazione dei risultati può essere un problema in alcune situazioni.

In sintesi, le differenze principali tra gli algoritmi tradizionali e quelli di machine learning riguardano l'approccio, l'addestramento, la flessibilità e l'uso dei dati. Mentre gli algoritmi tradizionali sono basati su regole esplicite, quelli di machine learning imparano dai dati e sono più adattabili a situazioni complesse e in evoluzione. La scelta tra i due dipende dalle esigenze specifiche dell'applicazione e dalla comprensione dei vantaggi e dei limiti di ciascun approccio.

Come funzionano gli algoritmi di apprendimento automatico e di intelligenza artificiale

Gli algoritmi di apprendimento automatico e intelligenza artificiale rappresentano un campo in costante evoluzione nell'ambito dell'informatica. Questi algoritmi consentono ai computer di apprendere dai dati e di prendere decisioni intelligenti. Per comprendere come funzionano, è importante esaminare il processo in tre fasi principali: addestramento, previsione o classificazione e ottimizzazione.

Addestramento

Raccolta dei dati: La prima fase coinvolge la raccolta di un ampio volume di dati, che può essere di qualsiasi tipo: testo, immagini, audio, dati numerici, ecc.

I dati vengono preparati per l'addestramento rimuovendo rumore, gestendo dati mancanti e normalizzando se necessario. Questa fase è fondamentale poiché dati di scarsa qualità possono influenzare negativamente le prestazioni dell'algoritmo.

Vengono selezionate le variabili o le caratteristiche rilevanti per il problema che si intende risolvere. Una buona selezione delle feature migliora l'efficienza dell'algoritmo.

In base al tipo di problema (classificazione, regressione, clustering, ecc.), si sceglie l'algoritmo di apprendimento automatico più adatto. Ad esempio, si può utilizzare un algoritmo di regressione lineare per problemi di previsione numerica.

L'algoritmo viene alimentato con i dati di addestramento, che gli consentono di apprendere i modelli e le relazioni tra le feature e l'output desiderato. Durante l'addestramento, l'algoritmo aggiusta i suoi parametri interni per ridurre l'errore tra le previsioni e i dati effettivi.

Previsione o Classificazione

Dopo l'addestramento, l'algoritmo viene testato su nuovi dati, chiamati "dati di test" o "dati di validazione". L'obiettivo è valutare le prestazioni dell'algoritmo rispetto ai dati non visti.

L'algoritmo viene utilizzato per fare previsioni o classificazioni basate sui nuovi dati in ingresso. Ad esempio, un algoritmo di classificazione può essere utilizzato per determinare se una e-mail è spam o non spam.

Ottimizzazione

Valutazione delle prestazioni: Le prestazioni dell'algoritmo vengono valutate utilizzando metriche appropriate, come l'accuratezza, la precisione o l'errore quadratico medio.

Se le prestazioni dell'algoritmo non sono soddisfacenti, si possono apportare miglioramenti regolando i parametri dell'algoritmo o modificando le feature selezionate. Questo processo è noto come ottimizzazione dell'iperparametro.

L'intero processo di addestramento, previsione e ottimizzazione può richiedere più iterazioni fino a quando non si raggiunge la precisione desiderata.

In sintesi, gli algoritmi di apprendimento automatico e di intelligenza artificiale consentono ai computer di apprendere dai dati, identificare modelli e prendere decisioni intelligenti. Questi algoritmi sono ampiamente utilizzati in una varietà di applicazioni, dalla classificazione di immagini alla previsione del mercato finanziario. La chiave per il loro successo sta nell'addestramento su grandi quantità di dati di alta qualità e nell'ottimizzazione per migliorare le prestazioni.

Applicazioni pratiche di algoritmi di AI in diversi settori

Gli algoritmi di intelligenza artificiale (AI) hanno dimostrato di essere altamente versatili e hanno trovato applicazione in una vasta gamma di settori. Ecco alcune delle applicazioni più pratiche in diversi campi:

Medicina e Assistenza Sanitaria

Gli algoritmi di AI sono utilizzati per analizzare dati medici, immagini diagnostiche e informazioni dei pazienti al fine di effettuare diagnosi più accurate e tempestive.

L'AI viene impiegata nella scoperta di nuovi farmaci, accelerando la ricerca e lo sviluppo di trattamenti medici.

Gli ospedali stanno implementando sistemi di AI per ottimizzare la gestione delle risorse, la pianificazione delle procedure e migliorare la qualità dell'assistenza sanitaria.

Finanza

Gli algoritmi di AI sono utilizzati per l'analisi dei mercati finanziari e per prendere decisioni di trading in tempo reale.

L'AI è impiegata per identificare transazioni sospette o anomalie nei modelli di spesa al fine di prevenire le frodi finanziarie.

Gli assistenti virtuali basati su AI aiutano nella gestione dei portafogli finanziari e nelle raccomandazioni di investimento.

Trasporti

Gli algoritmi di AI sono essenziali per la guida autonoma, consentendo ai veicoli di percepire l'ambiente circostante e prendere decisioni di guida autonome.

L'AI è utilizzata per gestire il traffico urbano, migliorando la sincronizzazione dei semafori e la pianificazione delle rotte.

Gli algoritmi di AI sono utilizzati per ottimizzare le catene di approvvigionamento e la gestione della logistica in aziende e magazzini.

Retail

Gli algoritmi di AI analizzano i dati dei clienti per suggerire prodotti personalizzati e migliorare l'esperienza di acquisto.

L'AI è utilizzata per prevedere la domanda di prodotti, aiutando le aziende a gestire le scorte in modo efficiente.

La visione artificiale viene utilizzata per il riconoscimento degli oggetti e per il monitoraggio della disponibilità dei prodotti sugli scaffali dei negozi.

Energia e Ambiente

L'AI aiuta a monitorare e regolare l'uso dell'energia in tempo reale, riducendo i costi e l'impatto ambientale.

Gli algoritmi di AI analizzano grandi quantità di dati meteorologici per migliorare le previsioni e la gestione delle risorse in risposta a eventi climatici estremi.

L'AI viene utilizzata per ottimizzare l'agricoltura, monitorando le condizioni del suolo, prevendo il raccolto e gestendo la produzione agricola.

Educazione

L'AI è utilizzata per adattare i contenuti di apprendimento agli stili e ai livelli degli studenti, migliorando l'efficacia dell'istruzione.

Gli algoritmi di AI possono valutare le prestazioni degli studenti e identificare le aree in cui potrebbero aver bisogno di supporto aggiuntivo.

Le università utilizzano l'AI per la pianificazione delle risorse, compresa l'allocazione delle aule e la gestione delle iscrizioni.

Questi sono solo alcuni esempi delle molte applicazioni pratiche degli algoritmi di intelligenza artificiale in vari settori. L'AI sta rapidamente trasformando la nostra vita quotidiana, migliorando l'efficienza, la sicurezza e l'esperienza utente in una vasta gamma di contesti.

In sintesi, gli algoritmi di apprendimento automatico e di intelligenza artificiale stanno trasformando numerosi settori, consentendo una maggiore automazione, previsione e personalizzazione. La loro capacità di apprendere dai dati li rende strumenti potenti per risolvere problemi complessi e prendere decisioni basate su dati in modo più accurato ed efficiente.

Capitolo 4

Il Futuro degli Algoritmi

In questo capitolo, esploreremo le sfide future nella progettazione e nell'implementazione degli algoritmi, discuteremo il potenziale impatto degli algoritmi quantistici sulla crittografia e sulla computazione, e analizzeremo l'automazione avanzata e la creazione di algoritmi autonomi.

Sfide Future nella Progettazione e nell'Implementazione degli Algoritmi

La progettazione e l'implementazione degli algoritmi rappresenta un elemento chiave nell'evoluzione della tecnologia, e affrontare le sfide emergenti in questo settore è fondamentale per garantire progressi sostenibili e responsabili. Ecco una panoramica dettagliata delle sfide future in questo ambito.

Bias negli algoritmi

Gli algoritmi possono ereditare e persino amplificare il bias presente nei dati con cui vengono addestrati. Ciò può portare a discriminazioni ingiuste, disuguaglianze e decisioni inique. Ad esempio, un algoritmo di selezione del personale potrebbe discriminare in base a fattori quali razza, genere o classe sociale.

Sviluppare algoritmi che riconoscano e riducano il bias nei dati, oltre a garantire che le decisioni algoritmiche siano etiche ed equilibrate.

Sicurezza informatica

Gli algoritmi possono essere vulnerabili a minacce informatiche, come attacchi di forza bruta, malware o manipolazioni dei dati. La complessità crescente degli algoritmi li rende più esposti a potenziali minacce.

L'implementazione di misure di sicurezza avanzate e lo sviluppo di algoritmi con una robusta sicurezza integrata sono essenziali per proteggere i dati e prevenire attacchi informatici.

Scalabilità e complessità

Con il crescente volume di dati, gli algoritmi devono essere in grado di gestire enormi carichi di lavoro senza perdita di prestazioni. La scalabilità è una sfida chiave, specialmente in applicazioni di intelligenza artificiale.

Sviluppare algoritmi che siano in grado di sfruttare l'elaborazione parallela e che possano essere distribuiti su sistemi multipli per gestire grandi quantità di dati.

Interpretabilità e spiegabilità

Alcuni algoritmi, in particolare quelli basati su intelligenza artificiale, possono essere considerati "scatole nere," difficili da comprendere. La mancanza di spiegabilità può essere problematica, specialmente in applicazioni mediche e legali in cui è richiesta una trasparenza totale.

Ricerca e sviluppo di algoritmi che siano più trasparenti e interpretabili, con tecniche per spiegare il processo decisionale.

Sostenibilità energetica

Gli algoritmi di intelligenza artificiale richiedono spesso una grande quantità di potenza di calcolo, il che può avere un impatto significativo sull'ambiente.

La ricerca di algoritmi più efficienti dal punto di vista energetico e l'adozione di hardware specializzato possono contribuire a ridurre l'impatto ambientale.

Progettazione responsabile

La progettazione responsabile degli algoritmi richiede attenzione a questioni etiche e sociali, come la privacy, la discriminazione e la giustizia. È necessario prevenire l'uso degli algoritmi per scopi dannosi.

La progettazione etica dovrebbe essere una parte integrante dello sviluppo di algoritmi, con l'adozione di linee guida etiche e il rispetto di standard di responsabilità.

In conclusione, la progettazione e l'implementazione degli algoritmi sono al cuore dell'innovazione tecnologica. Affrontare queste sfide future richiede una collaborazione interdisciplinare e uno sforzo continuo per sviluppare soluzioni innovative. È fondamentale garantire che gli algoritmi rimangano uno strumento positivo per la società, rispettando i valori umani, la privacy e la sicurezza.

Algoritmi Quantistici e il Loro Potenziale Impatto sulla Crittografia e sulla Computazione

Gli algoritmi quantistici rappresentano una prospettiva rivoluzionaria nel mondo dell'informatica, con profondi impatti potenziali sulla crittografia e sulla computazione. Per comprendere appieno questa trasformazione, esaminiamo le seguenti dimensioni:

Minaccia alla crittografia convenzionale

Gli algoritmi quantistici, come l'algoritmo di Shor, sono capaci di risolvere problemi matematici complessi, come la fattorizzazione di numeri primi, in tempi notevolmente più brevi rispetto ai computer classici. Questo mette a rischio molti algoritmi crittografici convenzionali che si basano sulla difficoltà computazionale di questi problemi.

Per fronteggiare questa minaccia, gli esperti stanno sviluppando nuovi algoritmi crittografici "post-quantistici" che sono resistenti agli attacchi di computer quantistici. La crittografia quantistica, basata su principi della meccanica quantistica come l'entanglement, offre una soluzione alternativa per garantire la sicurezza delle comunicazioni.

La necessità di crittografia quantistica

La crittografia quantistica utilizza le proprietà quantistiche per garantire la sicurezza delle comunicazioni. Questo significa che è immune agli attacchi dei computer quantistici, rendendola un'opzione promettente per proteggere le comunicazioni future.

La crittografia quantistica è ancora in fase di sviluppo e richiede una significativa infrastruttura tecnologica. Tuttavia, le sue potenzialità per garantire la sicurezza delle comunicazioni sono immense.

Impatto sulla Computazione

Gli algoritmi quantistici offrono l'opportunità di risolvere problemi complessi in tempi molto più brevi rispetto ai computer classici. Questo è particolarmente rilevante per applicazioni scientifiche e industriali, come la simulazione molecolare, la previsione del tempo e l'ottimizzazione dei processi.

La computazione quantistica promette di accelerare la ricerca e l'innovazione in diversi settori, aprendo nuove prospettive per l'industria e la ricerca scientifica.

Ottimizzazione

Gli algoritmi quantistici sono ideali per problemi di ottimizzazione complessa, come la pianificazione delle rotte, la progettazione di reti, e la gestione delle risorse. Possono portare a miglioramenti significativi in termini di efficienza in settori come la logistica e la produzione.

L'uso di algoritmi quantistici per problemi di ottimizzazione richiede lo sviluppo di software e hardware appositamente progettato.

Sicurezza informatica quantistica

Gli algoritmi quantistici possono essere utilizzati per rafforzare la sicurezza informatica. Possono generare chiavi crittografiche altamente sicure che sono resistenti a decifrazione da parte di computer classici.

L'implementazione di sistemi di sicurezza informatica quantistica può contribuire a proteggere le reti e i dati sensibili da minacce informatiche avanzate.

In conclusione, gli algoritmi quantistici hanno il potenziale per rivoluzionare la crittografia e la computazione in modi che potremmo appena iniziare a comprendere. Sebbene presentino sfide alla sicurezza informatica convenzionale, offrono anche opportunità straordinarie per risolvere problemi complessi e migliorare l'efficienza in vari settori. La ricerca e lo sviluppo continui in questo campo sono fondamentali per realizzare il pieno potenziale dei computer quantistici e garantire la sicurezza delle comunicazioni e dei dati nell'era quantistica.

Automazione Avanzata e Creazione di Algoritmi Autonomi

L'automazione avanzata e la creazione di algoritmi autonomi rappresentano una delle evoluzioni più rivoluzionarie nell'ambito dell'informatica e della tecnologia. Queste due tendenze stanno ridefinendo il modo in cui le macchine interagiscono con il mondo e presentano notevoli implicazioni per una serie di settori.

L'automazione avanzata combina tecnologie come l'intelligenza artificiale, il machine learning, la robotica e l'Internet delle cose (IoT) per creare sistemi altamente automatizzati e intelligenti. Questi sistemi possono apprendere dai dati, adattarsi alle circostanze e compiere azioni in modo autonomo.

L'automazione avanzata ha applicazioni in una vasta gamma di settori, dalla produzione e la logistica all'assistenza sanitaria e all'agricoltura. Ad esempio, le fabbriche intelligenti utilizzano robot autonomi e sistemi di monitoraggio per ottimizzare la produzione e ridurre i costi.

Uno dei principali vantaggi dell'automazione avanzata è l'incremento dell'efficienza operativa. Le macchine possono lavorare ininterrottamente, riducendo gli errori umani e possono essere addestrate facilmente per adattarsi a nuovi compiti.

La sicurezza è una preoccupazione fondamentale nell'automazione avanzata, soprattutto quando le macchine interagiscono con gli esseri umani o con l'ambiente fisico. È necessario garantire la sicurezza degli operatori e prevenire incidenti.

Gli algoritmi autonomi spesso si basano su tecniche di apprendimento automatico e intelligenza artificiale. Possono apprendere dai dati e adattarsi in tempo reale alle circostanze senza necessità di programmazione manuale costante.

Gli algoritmi autonomi sono in grado di prendere decisioni indipendenti basate su dati e parametri predefiniti. Questo è essenziale in applicazioni come i veicoli autonomi, che devono prendere decisioni istantanee sulla base dell'ambiente circostante.

Un esempio di algoritmi autonomi sono quelli utilizzati nei veicoli autonomi che gestiscono la navigazione, il rilevamento degli ostacoli e la guida autonoma, aprendo la strada a una potenziale rivoluzione nel settore dei trasporti.

La creazione di algoritmi autonomi solleva importanti questioni etiche, come chi è responsabile in caso di incidenti o errori. La definizione di standard etici e legali è essenziale per garantire un utilizzo sicuro e responsabile di queste tecnologie.

L'automazione avanzata e la creazione di algoritmi autonomi rappresentano un'enorme opportunità di innovazione e miglioramento dell'efficienza in molteplici settori. Tuttavia, presentano anche sfide etiche, legali e di sicurezza che richiedono una gestione oculata. È fondamentale garantire l'adozione responsabile di queste tecnologie al fine di massimizzare i benefici e affrontare le sfide in modo efficace.

In conclusione, il futuro degli algoritmi sarà caratterizzato da sfide complesse e opportunità straordinarie. Sarà essenziale affrontare questioni come il bias, la privacy e l'interpretabilità, mentre si sfrutta il potenziale dei computer quantistici e si esplora l'automazione avanzata. La progettazione responsabile e l'etica nella creazione e nell'uso degli algoritmi diventeranno sempre più importanti per garantire che l'evoluzione tecnologica sia vantaggiosa per la società nel suo complesso.

Capitolo 5

Aspetti Chiave degli Algoritmi

Gli algoritmi giocano un ruolo sempre più centrale nelle nostre vite, guidando le decisioni e l'automazione in vari settori. Il loro futuro è promettente, ma comporta sfide significative in termini di progettazione, impatto tecnologico e implicazioni etiche. Questo capitolo affronterà dettagliatamente alcuni aspetti chiave del futuro degli algoritmi.

Sfide Future nella Progettazione e nell'Implementazione degli Algoritmi

La progettazione e l'implementazione degli algoritmi costituiscono un elemento cruciale nell'evoluzione della tecnologia e nell'affrontare sfide complesse. Mentre gli algoritmi diventano sempre più centrali nella nostra vita quotidiana, emergono una serie di sfide significative che richiedono soluzioni innovative. Ecco un approfondimento su queste sfide:

Bias negli algoritmi

Gli algoritmi possono ereditare e amplificare il bias presente nei dati con cui vengono addestrati. Questo può portare a discriminazioni ingiuste e disuguaglianze. Ad esempio, negli algoritmi di selezione del personale o nell'assegnazione dei prestiti, possono emergere discriminazioni basate su razza, genere o classe sociale.

È necessario sviluppare algoritmi che riducano o neutralizzino il bias nei dati e garantiscano equità ed etica nell'elaborazione dei dati.

Sicurezza informatica

Gli algoritmi possono essere vulnerabili a minacce informatiche, come attacchi di forza bruta, malware o manipolazioni dei dati. La crescente complessità degli algoritmi rende più difficile la loro protezione.

È fondamentale sviluppare algoritmi con una robusta sicurezza integrata e implementare misure di protezione avanzate per prevenire e rilevare minacce informatiche.

Scalabilità e complessità

Gli algoritmi devono essere in grado di gestire enormi quantità di dati e compiti complessi senza perdita di prestazioni. La scalabilità è una sfida chiave, specialmente in applicazioni di intelligenza artificiale.

Sviluppare algoritmi che possano essere distribuiti su sistemi paralleli e sfruttare l'elaborazione parallela per gestire grandi carichi di lavoro.

Interpretabilità e spiegabilità

Alcuni algoritmi, in particolare quelli basati su intelligenza artificiale, possono essere considerati "scatole nere", difficili da comprendere. Questa mancanza di spiegabilità è problematica, specialmente quando gli algoritmi prendono decisioni importanti per la vita umana, come in campo medico o giuridico.

La ricerca e sviluppo di algoritmi che siano più trasparenti e interpretabili, con tecniche per spiegare il processo decisionale.

Sostenibilità energetica

Gli algoritmi di intelligenza artificiale richiedono spesso enormi quantità di potenza di calcolo, il che può avere un impatto significativo sull'ambiente.

La ricerca di algoritmi più efficienti dal punto di vista energetico e di hardware specializzato può contribuire a ridurre l'impatto ambientale.

Progettazione responsabile

La progettazione responsabile di algoritmi richiede l'attenzione a questioni etiche e sociali, come la privacy, la discriminazione e la giustizia. È necessario prevenire l'uso di algoritmi per scopi dannosi.

La considerazione etica dovrebbe essere parte integrante della progettazione degli algoritmi. La creazione di linee guida etiche e l'adesione a standard di responsabilità sono cruciali.

In conclusione, la progettazione e l'implementazione degli algoritmi sono al centro dell'innovazione tecnologica, ma richiedono una gestione oculata delle sfide emergenti. La collaborazione tra informatici, etici, giuristi e esperti in sicurezza informatica è essenziale per affrontare queste sfide in modo responsabile e per garantire che gli algoritmi continueranno a migliorare la nostra società in modo etico, efficiente e sostenibile.

Algoritmi Quantistici e il Loro Potenziale Impatto sulla Crittografia e sulla Computazione

Gli algoritmi quantistici rappresentano una rivoluzione potenzialmente sconvolgente nella crittografia e nella computazione. Sfruttando i principi della meccanica quantistica, questi algoritmi offrono una potenza computazionale significativamente superiore a quella dei computer classici, il che presenta sfide e opportunità uniche nei seguenti settori.

Algoritmi quantistici, come l'algoritmo di Shor, sono in grado di fattorizzare rapidamente grandi numeri, il che mette in discussione la sicurezza di algoritmi crittografici basati sulla difficoltà computazionale di tale operazione, come RSA. Inoltre, l'algoritmo di Grover può velocizzare la ricerca non strutturata, minacciando la crittografia simmetrica.

La comunità della crittografia sta sviluppando algoritmi "post-quantistici" che sono resistenti agli attacchi dei computer quantistici. La crittografia quantistica, basata su principi quantistici come l'entanglement, offre un'alternativa promettente.

La crittografia quantistica utilizza la meccanica quantistica per garantire la sicurezza delle comunicazioni. Questa tecnologia è immune agli attacchi di computer quantistici, consentendo la creazione di comunicazioni sicure.

L'implementazione della crittografia quantistica richiede sviluppi tecnologici significativi, ma è considerata essenziale per garantire la sicurezza delle comunicazioni future.

Gli algoritmi quantistici offrono la possibilità di risolvere problemi complessi in tempi molto brevi, che sono al di là delle capacità dei computer tradizionali. Questo è particolarmente rilevante per applicazioni scientifiche e industriali come la simulazione molecolare e l'ottimizzazione.

La computazione quantistica può rivoluzionare l'industria scientifica e aziendale, accelerando la scoperta di nuovi farmaci, materiali e migliorando l'efficienza operativa.

Gli algoritmi quantistici sono particolarmente adatti per problemi di ottimizzazione complessa, come la pianificazione del traffico o la gestione delle reti. Possono migliorare notevolmente l'efficienza in settori come la logistica e la produzione.

L'applicazione di algoritmi quantistici in problemi di ottimizzazione richiede sviluppi software e hardware che siano all'altezza di questa sfida.

Gli algoritmi quantistici possono anche essere utilizzati per migliorare la sicurezza informatica. Possono generare chiavi crittografiche altamente sicure, che sono resistenti a decifrazione da parte di computer classici.

L'integrazione di sistemi di sicurezza informatica quantistica può contribuire a proteggere le reti e i dati sensibili da minacce informatiche avanzate.

In conclusione, gli algoritmi quantistici hanno il potenziale per rivoluzionare sia la crittografia che la computazione. Mentre sollevano sfide significative per la sicurezza informatica convenzionale, offrono anche opportunità straordinarie per risolvere problemi complessi e migliorare l'efficienza in vari settori. La ricerca e lo sviluppo continuo in questo campo sono fondamentali per realizzare il pieno potenziale dei computer quantistici e per garantire la sicurezza delle comunicazioni e dei dati nell'era quantistica.

L'Automazione Avanzata e la Creazione di Algoritmi Autonomi

L'automazione avanzata e la creazione di algoritmi autonomi rappresentano due tendenze che stanno trasformando il mondo in cui viviamo, dall'industria all'intelligenza artificiale e alla vita quotidiana. Vediamo nel dettaglio queste due tendenze e il loro potenziale impatto:

Automazione Avanzata

L'automazione avanzata sfrutta tecnologie di punta, tra cui intelligenza artificiale, machine learning, robotica, e Internet delle cose (IoT). Queste tecnologie permettono ai sistemi di apprendere, adattarsi e agire autonomamente, rendendo le operazioni più efficienti e produttive.

L'automazione avanzata è applicabile in una vasta gamma di settori, tra cui la produzione, la logistica, l'assistenza sanitaria e l'agricoltura. Ad esempio, nella produzione, le fabbriche intelligenti utilizzano robot autonomi e sistemi di monitoraggio per ottimizzare la produzione e ridurre i costi.

L'automazione avanzata migliora l'efficienza operativa, riducendo errori umani e ottimizzando processi. Le macchine possono lavorare ininterrottamente, 24 ore su 24, sette giorni su sette, e possono essere addestrate rapidamente per adattarsi a nuovi compiti.

La sicurezza è una preoccupazione fondamentale nell'automazione avanzata, soprattutto quando le macchine interagiscono con esseri umani o l'ambiente fisico. La progettazione responsabile è essenziale per prevenire incidenti e problemi etici.

Creazione di Algoritmi Autonomi

Gli algoritmi autonomi si basano spesso su tecniche di apprendimento automatico e intelligenza artificiale. Possono apprendere dai dati, adattarsi in tempo reale e prendere decisioni autonome.

Gli algoritmi autonomi possono prendere decisioni indipendenti basate su dati e parametri predefiniti. Questo è fondamentale in applicazioni come i veicoli autonomi, in cui devono reagire istantaneamente alle condizioni stradali.

Gli algoritmi autonomi sono fondamentali nei veicoli autonomi. Gestiscono la navigazione, rilevano gli ostacoli e prendono decisioni di guida autonome, aprendo la strada a una potenziale rivoluzione nel settore dei trasporti.

La creazione di algoritmi autonomi solleva questioni etiche importanti, come chi è responsabile in caso di incidenti o errori. È necessario sviluppare standard etici e legali per garantire un utilizzo sicuro e responsabile di queste tecnologie.

In sintesi, l'automazione avanzata e la creazione di algoritmi autonomi rappresentano una spinta verso l'automazione intelligente e l'interazione autonoma con il mondo fisico e digitale. Mentre promettono di migliorare l'efficienza, ridurre gli errori e rivoluzionare interi settori, pongono anche sfide etiche, legali e di sicurezza che richiedono una gestione oculata. L'adozione responsabile di queste tecnologie è fondamentale per assicurare che i benefici superino le sfide e gli eventuali rischi.

In sintesi, il futuro degli algoritmi è un campo in costante evoluzione che offre opportunità immense ma anche sfide significative. La progettazione di algoritmi deve affrontare la crescente complessità, il bias nei dati, le questioni di privacy e sicurezza e la scalabilità. Gli algoritmi quantistici potrebbero rivoluzionare vari settori, mentre l'automazione avanzata e gli algoritmi autonomi stanno trasformando il modo in cui operiamo in diversi settori. La ricerca e la collaborazione multidisciplinare saranno fondamentali per affrontare con successo queste sfide e sfruttare appieno le opportunità future.

Capitolo 6

La Nostra Relazione con gli Algoritmi

La nostra relazione con gli algoritmi è diventata sempre più rilevante e complessa nel corso degli ultimi decenni. Gli algoritmi sono diventati una parte essenziale della nostra vita quotidiana e hanno impatto su numerosi aspetti, tra cui le comunicazioni, il lavoro, l'intrattenimento, la salute, il trasporto e molto altro. Ecco alcune considerazioni sulla nostra relazione con gli algoritmi.

Mentre gli algoritmi continuano a evolversi e a svolgere un ruolo sempre più centrale nella nostra società, sorgono diverse sfide nella progettazione e nell'implementazione di algoritmi che richiedono una riflessione attenta e l'adozione di soluzioni innovative.

Uno dei problemi più urgenti riguardanti gli algoritmi è il bias, che può emergere a causa dei dati di addestramento. Gli algoritmi di apprendimento automatico possono perpetuare e amplificare disuguaglianze esistenti nella società. La sfida è progettare algoritmi che siano equi ed etici, riconoscendo e affrontando il bias nei dati e nei risultati.

la crescente quantità di dati personali che alimentano gli algoritmi, la protezione della privacy è fondamentale. Gli algoritmi devono essere progettati per garantire la sicurezza dei dati e rispettare le leggi sulla privacy. La creazione di algoritmi di criptazione robusti e di sistemi di gestione dei dati sicuri è cruciale.

Molti algoritmi, in particolare quelli basati su intelligenza artificiale e apprendimento profondo, sono spesso considerati "scatole nere" difficili da comprendere. La sfida consiste nel rendere gli algoritmi più trasparenti e spiegabili, in modo che le decisioni che prendono siano comprensibili agli utenti e agli esperti.

Con l'espansione delle applicazioni basate su algoritmi, la scalabilità diventa un problema importante. Gli algoritmi devono essere progettati per gestire enormi quantità di dati e compiti complessi senza perdita di prestazioni.

Gli algoritmi di intelligenza artificiale richiedono una quantità significativa di risorse computazionali, il che può avere un impatto sull'ambiente. La sfida consiste nel progettare algoritmi che siano più efficienti dal punto di vista energetico per ridurre l'impatto ambientale.

Con l'aumento della sofisticazione delle minacce informatiche, gli algoritmi devono essere progettati con una sicurezza avanzata per resistere agli attacchi informatici. La protezione contro attacchi come l'inserimento di dati maligni o l'esecuzione di codice malevolo è cruciale.

La progettazione di algoritmi che facilitino l'interazione tra esseri umani e macchine in modo naturale ed efficace è una sfida in costante evoluzione. Questa riguarda, ad esempio, l'interfaccia utente e l'usabilità dei sistemi basati su algoritmi.

Con l'espansione degli algoritmi e delle applicazioni basate su di essi, è necessaria una regolamentazione adeguata. La sfida consiste nel bilanciare l'innovazione con la protezione dei diritti e delle libertà individuali, oltre a garantire la conformità alle leggi e alle normative in continua evoluzione.

Affrontare queste sfide richiede un approccio multidisciplinare che coinvolge esperti in informatica, etica, legge, sicurezza informatica e molte altre discipline. È essenziale adottare una prospettiva a lungo termine e sviluppare soluzioni innovative per garantire che gli algoritmi continuino a essere un'innovazione positiva nella nostra società, rispettando i valori umani, la privacy e la sicurezza.

Algoritmi Quantistici e il Loro Potenziale Impatto sulla Crittografia e sulla Computazione

Gli algoritmi quantistici rappresentano una promettente frontiera nell'ambito della computazione. Sfruttando i principi della meccanica quantistica, questi algoritmi hanno il potenziale di rivoluzionare sia il campo della crittografia che quello della computazione tradizionale. Ecco come potrebbero influenzare questi aspetti chiave.

Impatto sulla Crittografia

Gli algoritmi quantistici, in particolare l'algoritmo di Shor e l'algoritmo di Grover, possono compromettere la sicurezza di molti algoritmi crittografici convenzionali. Ad esempio, l'algoritmo di Shor è in grado di fattorizzare grandi numeri in tempi molto brevi, mettendo in discussione la sicurezza dei sistemi basati su chiavi pubbliche come RSA.

La necessità di crittografia quantistica: Per fronteggiare questa minaccia, è stata sviluppata la crittografia quantistica, che si basa su principi quantistici per garantire la sicurezza delle comunicazioni. La crittografia quantistica offre una protezione molto più robusta contro gli attacchi dei computer quantistici, poiché il principio di sovrapposizione rende impossibile per un osservatore interferire con lo stato quantico senza essere scoperto.

Affrontare la vulnerabilità della crittografia convenzionale, gli esperti stanno lavorando su algoritmi crittografici "post-quantistici", che saranno sicuri anche in un contesto di computazione quantistica avanzata. Questi algoritmi sono progettati per resistere agli attacchi dei computer quantistici e garantire la continuità della sicurezza informatica.

Impatto sulla Computazione

Gli algoritmi quantistici offrono la possibilità di effettuare calcoli estremamente rapidi su problemi specifici. Ad esempio, gli algoritmi quantistici potrebbero rivoluzionare il settore della simulazione molecolare, accelerando notevolmente la scoperta di nuovi farmaci e materiali.

Gli algoritmi quantistici, come il cosiddetto "quantum annealing", sono particolarmente adatti per problemi di ottimizzazione complessa, come la pianificazione del traffico, la gestione delle reti e il riconoscimento di modelli. Questi algoritmi potrebbero migliorare notevolmente l'efficienza in settori come la logistica e l'industria manifatturiera.

L'impiego di algoritmi quantistici nell'intelligenza artificiale è un campo di ricerca in crescita. Questi algoritmi possono essere utilizzati per accelerare il training di modelli AI complessi e risolvere problemi di ottimizzazione legati all'apprendimento automatico.

La computazione quantistica può anche essere utilizzata per migliorare la sicurezza informatica. Ad esempio, gli algoritmi quantistici possono essere utilizzati per generare chiavi crittografiche altamente sicure.

In conclusione, gli algoritmi quantistici rappresentano una potente innovazione che promette di influenzare profondamente la crittografia e la computazione. Mentre presentano sfide alla sicurezza informatica convenzionale, offrono anche opportunità significative per risolvere problemi complessi in settori come la chimica, l'ottimizzazione e l'intelligenza artificiale. La loro diffusione richiederà una comprensione più approfondita dei principi quantistici e la continua ricerca e sviluppo di algoritmi e tecnologie quantistiche.

L'Automazione Avanzata e la Creazione di Algoritmi Autonomi

L'automazione avanzata e la creazione di algoritmi autonomi rappresentano una delle frontiere più dinamiche e trasformative nell'evoluzione tecnologica. Questi concetti stanno ridefinendo il modo in cui le macchine interagiscono con il mondo, portando a cambiamenti significativi in vari settori. Ecco una visione dettagliata di questi aspetti.

Automazione Avanzata

L'automazione avanzata combina tecnologie come l'intelligenza artificiale, il machine learning, la robotica e l'Internet delle cose (IoT) per creare sistemi altamente automatizzati e intelligenti. Questi sistemi sono in grado di apprendere dai dati, prendere decisioni autonome e interagire con l'ambiente circostante.

L'automazione avanzata sta rivoluzionando settori come la produzione, la logistica, l'assistenza sanitaria e l'agricoltura. Ad esempio, nella produzione, le fabbriche intelligenti utilizzano robot autonomi per ottimizzare la produzione e ridurre i costi.

L'automazione avanzata può migliorare notevolmente l'efficienza operativa. Le macchine possono lavorare senza sosta, senza errori e possono essere facilmente addestrate per adattarsi a nuove attività.

La sicurezza è un'importante considerazione nell'automazione avanzata, specialmente quando le macchine interagiscono con esseri umani o con l'ambiente fisico. L'implementazione responsabile di sistemi automatizzati richiede un'attenta progettazione per prevenire incidenti.

Creazione di Algoritmi Autonomi

Apprendimento automatico e intelligenza artificiale: Gli algoritmi autonomi si basano spesso su tecniche di apprendimento automatico e intelligenza artificiale. Questi algoritmi possono apprendere dai dati e adattarsi in modo dinamico alle circostanze senza richiedere una programmazione manuale costante.

Gli algoritmi autonomi possono prendere decisioni indipendenti basate su dati e parametri predefiniti. Ad esempio, un veicolo autonomo deve essere in grado di prendere decisioni di guida in tempo reale in base all'ambiente circostante.

Applicazioni nei veicoli autonomi: Un esempio chiave di algoritmi autonomi sono quelli utilizzati nei veicoli autonomi. Questi algoritmi gestiscono la navigazione, il rilevamento degli ostacoli e la guida in modo indipendente, aprendo la strada a una potenziale rivoluzione nel trasporto.

La creazione di algoritmi autonomi solleva questioni etiche importanti, come chi è responsabile in caso di incidenti o errori. La definizione di standard etici e legali è essenziale per garantire un utilizzo sicuro e responsabile di tali tecnologie.

In sintesi, l'automazione avanzata e la creazione di algoritmi autonomi rappresentano una spinta verso l'automazione intelligente e l'interazione autonoma con il mondo fisico e digitale. Se da un lato promettono di migliorare l'efficienza, ridurre gli errori e rivoluzionare interi settori, dall'altro pongono sfide etiche, legali e di sicurezza che richiedono una gestione oculata. L'adozione responsabile di queste tecnologie è fondamentale per assicurare che i benefici superino le sfide e gli eventuali rischi.

Il futuro degli algoritmi è un campo in costante evoluzione che offre opportunità immense ma anche sfide significative. La progettazione di algoritmi deve affrontare la crescente complessità, il bias nei dati, le questioni di privacy e sicurezza e la scalabilità. Gli algoritmi quantistici potrebbero rivoluzionare vari settori, mentre l'automazione avanzata e gli algoritmi autonomi stanno trasformando il modo in cui operiamo in diversi settori. La ricerca e la collaborazione multidisciplinare saranno fondamentali per affrontare con successo queste sfide e sfruttare appieno le opportunità future.

Capitolo 7

Algoritmi e Creatività

L'interazione tra algoritmi e creatività è una delle sfide più interessanti nell'ambito della tecnologia e dell'arte. Questo capitolo esplorerà in dettaglio come gli algoritmi sono utilizzati nell'arte, nella musica e nella scrittura, e discuterà il delicato equilibrio tra creatività umana e generazione automatica di contenuti, fornendo esempi di algoritmi creativi e innovativi.

Negli ultimi anni, gli algoritmi hanno dimostrato di avere un impatto significativo nell'arte, nella musica e nella scrittura. La loro capacità di generare, elaborare e migliorare contenuti in queste discipline ha aperto nuove frontiere creative e ha sfidato le tradizionali nozioni di creatività. Ecco le aree in cui gli algoritmi vengono utilizzati in queste aree.

Arte Generativa:

Gli artisti utilizzano algoritmi per creare opere d'arte uniche e dinamiche. Gli algoritmi generano composizioni visive, opere d'arte astratte o pattern che cambiano nel tempo. Ad esempio, l'artista generativo Algorist Harold Cohen creò l'artista digitale "AARON" per produrre pitture astratte.

Esplorazione della casualità: Gli algoritmi possono introdurre elementi casuali o pseudo-casuali in opere d'arte, consentendo agli artisti di sperimentare con il caos e il controllo creativo.

Gli algoritmi possono rendere l'arte interattiva. Ad esempio, opere d'arte digitali possono rispondere all'input degli spettatori, creando un'esperienza unica per ognuno.

Composizione musicale: Gli algoritmi possono generare composizioni musicali in base a regole e modelli predefiniti. L'uso di algoritmi nella composizione musicale è noto come "musica generata da computer" o "algoritmica".

Gli algoritmi possono essere utilizzati per sintetizzare suoni e strumenti musicali virtuali, consentendo ai musicisti di creare pezzi originali senza l'uso di strumenti fisici.

Generazione di testi e armonia: Alcuni algoritmi possono creare testi musicali e armonie basate su modelli musicali esistenti o criteri specifici.

Gli algoritmi di generazione del linguaggio naturale (NLP) possono essere utilizzati per scrivere testi automaticamente. Ad esempio, sono utilizzati per creare notizie, report finanziari e persino romanzi.

Algoritmi di correzione ortografica e grammaticale sono ampiamente utilizzati dagli scrittori per migliorare la qualità del testo. Alcuni algoritmi possono anche suggerire ristrutturazioni per rendere il testo più coerente e leggibile.

Assistenza alla scrittura creativa: Gli algoritmi possono assistere gli scrittori creativi fornendo suggerimenti per trame, personaggi o stili narrativi. Possono anche essere utilizzati per generare racconti brevi, poesie o altre opere letterarie.

Gli algoritmi possono unire elementi da diverse forme artistiche per creare opere ibride. Ad esempio, la combinazione di musica, video e testo può generare opere multimediali innovative.

Gli algoritmi possono tradurre dati visivi in suono, consentendo la creazione di opere che combinano elementi visivi e musicali.

In sintesi, gli algoritmi stanno influenzando profondamente le discipline artistiche, musicali e letterarie. Questa combinazione di creatività umana e generazione automatica di contenuti apre nuove opportunità e sfide per gli artisti e gli autori. L'uso responsabile degli algoritmi in queste discipline richiede la comprensione dei limiti etici e delle implicazioni creative, consentendo agli artisti di esplorare nuovi territori senza sacrificare l'originalità e la visione personale.

L'equilibrio tra Creatività Umana e Generazione Automatica di Contenuti

Il rapporto tra creatività umana e generazione automatica di contenuti è un tema centrale nell'era dell'automazione e degli algoritmi. Trovare un equilibrio tra questi due elementi è fondamentale per garantire che l'automazione non sostituisca la creatività umana, ma la complemente. Ecco alcune considerazioni chiave sull'argomento:

Complementarietà Creativa

Gli algoritmi possono essere utilizzati per svolgere attività ripetitive o compiti noiosi, consentendo agli artisti, ai musicisti e agli scrittori di concentrarsi su attività più creative. Ad esempio, gli algoritmi possono gestire l'elaborazione dei dati, la generazione di bozze o la produzione di parti ripetitive in musica.

La generazione automatica di contenuti può essere vista come uno strumento che amplia le capacità creative umane. Gli algoritmi possono ispirare e arricchire il processo creativo umano, fornendo nuove idee o suggerimenti.

Creatività Umana Inimitabile

La creatività umana è intrinsecamente unica e diversa da qualsiasi algoritmo. La capacità di concepire nuove idee, emozioni e narrazioni complesse è un tratto distintivo dell'essere umano che gli algoritmi, almeno per ora, non possono replicare.

Gli algoritmi possono essere addestrati a imitare stili artistici o musicali esistenti, ma la creazione di nuovi stili, movimenti artistici o generi musicali richiede una profonda comprensione dell'umanità e della cultura.

Etica e Creatività

La creatività umana è guidata da valori, esperienze e visioni personali. Gli artisti, gli scrittori e i musicisti spesso esplorano questioni etiche e sociali attraverso il loro lavoro. Gli algoritmi, d'altro canto, possono non comprendere appieno il contesto etico e culturale in cui operano.

L'uso responsabile degli algoritmi nella creazione di contenuti richiede una supervisione umana e la considerazione di implicazioni etiche. La creatività umana può contribuire a mitigare il rischio di contenuti automatizzati insensibili o controversi.

Strumenti Creativi

Gli algoritmi possono essere considerati come strumenti creativi nelle mani degli artisti e dei creatori. Sono mezzi per esprimere e realizzare idee creative. Ad esempio, gli strumenti di grafica algoritmica consentono agli artisti di creare opere d'arte uniche.

Impatto su Industrie Creative

L'automazione e la generazione automatica di contenuti stanno già influenzando industrie creative come la musica, il cinema e l'editoria. Questo ha portato a discussioni sulla remunerazione degli artisti, sulla proprietà intellettuale e sulla qualità del contenuto generato da algoritmi.

In definitiva, l'equilibrio tra creatività umana e generazione automatica di contenuti è una sfida dinamica e in evoluzione. L'automazione può migliorare l'efficienza, l'accessibilità e la creatività in molte discipline creative, ma è essenziale che i creatori umani mantengano un ruolo centrale nella definizione, nell'ispirazione e nel controllo del processo creativo. La chiave sta nell'integrare saggiamente gli algoritmi come strumenti creativi, consentendo loro di arricchire il panorama creativo senza soppiantare la creatività umana. In conclusione, la connessione tra algoritmi e creatività offre nuove prospettive per l'arte, la musica e la scrittura. Tuttavia, l'equilibrio tra creatività umana e generazione automatica di contenuti rimane una questione critica. Gli esempi di algoritmi creativi dimostrano il potenziale di questa tecnologia, ma sottolineano anche l'importanza di preservare la visione e l'individualità umana nella creazione artistica. Il futuro potrebbe vedere una maggiore collaborazione tra artisti e algoritmi, portando a opere ancora più innovative e coinvolgenti.

Capitolo 8

Sicurezza Informatica e Algoritmi

La sicurezza informatica è una preoccupazione cruciale nell'era digitale, e gli algoritmi svolgono un ruolo centrale nella protezione dei dati personali e delle informazioni sensibili. Questo capitolo affronterà in modo dettagliato alcuni aspetti chiave della sicurezza informatica in relazione agli algoritmi:

La protezione dei dati personali e delle informazioni sensibili è una preoccupazione fondamentale nell'era digitale in cui gli algoritmi giocano un ruolo centrale. Ecco come gli algoritmi possono contribuire alla protezione di tali dati:

Gli algoritmi di crittografia sono utilizzati per proteggere i dati sensibili. La crittografia trasforma i dati in una forma illeggibile senza una chiave di decrittazione appropriata. Gli algoritmi di crittografia moderni, come AES e RSA, sono essenziali per garantire che i dati trasmessi o archiviati siano inaccessibili a persone non autorizzate.

Gli algoritmi vengono inoltre utilizzati per gestire e controllare l'accesso ai dati. Questo può includere sistemi di autenticazione che richiedono una password o altri metodi di verifica per garantire che solo le persone autorizzate possano accedere ai dati.

Monitoraggio delle minacce

Gli algoritmi di rilevamento delle intrusioni e gli algoritmi di analisi comportamentale possono identificare attività sospette o non autorizzate. Questi sistemi possono essere addestrati per riconoscere pattern di accesso che potrebbero indicare un attacco.

Gli algoritmi possono essere utilizzati per rimuovere o anonimizzare informazioni personali all'interno dei dati, consentendo alle organizzazioni di effettuare analisi senza compromettere la privacy degli individui.

Protezione della privacy in applicazioni AI

Nei sistemi di intelligenza artificiale, gli algoritmi possono essere progettati per minimizzare la condivisione di dati personali e per garantire che l'elaborazione dei dati avvenga nel rispetto delle leggi sulla privacy.

Gli algoritmi di protezione dei database sono utilizzati per proteggere i dati all'interno dei sistemi di gestione dei database. Questi algoritmi garantiscono che solo persone autorizzate possano accedere, modificare o eliminare i dati.

Protezione dei dati in transito

Gli algoritmi di sicurezza delle comunicazioni proteggono i dati mentre sono in transito su reti pubbliche o private. Protocolli come HTTPS e SSL/TLS utilizzano algoritmi di crittografia per garantire che le informazioni scambiate tra un cliente e un server siano sicure.

Gli algoritmi di sicurezza nel cloud consentono di proteggere i dati archiviati nei servizi cloud. Questi algoritmi includono crittografia dei dati, autenticazione multi-fattore e misure di sicurezza per proteggere i dati sensibili archiviati online.

Gli algoritmi possono contribuire anche all'educazione e alla formazione delle persone per garantire una maggiore consapevolezza della sicurezza informatica. Ad esempio, gli algoritmi di simulazione possono essere utilizzati per esercitazioni di sicurezza.

La protezione dei dati personali e delle informazioni sensibili è fondamentale per prevenire violazioni dei dati e per garantire la privacy delle persone. Gli algoritmi, insieme alle pratiche di sicurezza informatica, svolgono un ruolo chiave nel mantenere sicuri i dati in un mondo digitale sempre più interconnesso. La loro corretta implementazione e gestione responsabile sono essenziali per garantire che i dati sensibili siano al sicuro.

Le minacce informatiche basate su algoritmi sono sempre più sofisticate e rappresentano una seria preoccupazione per la sicurezza informatica. Tali minacce possono sfruttare algoritmi e automazione per compromettere la sicurezza dei sistemi. Di seguito, esploreremo alcune delle principali minacce informatiche basate su algoritmi e le misure di difesa correlate.

Minacce informatiche basate su algoritmi

Gli algoritmi di forza bruta vengono utilizzati per indovinare password o chiavi di crittografia attraverso la generazione sistematica di combinazioni. Questi attacchi possono essere particolarmente efficaci contro password deboli.

Alcuni malware utilizzano algoritmi di evoluzione per adattarsi e cambiare costantemente per evitare la rilevazione. Questi algoritmi consentono al malware di diventare più resistente e pericoloso nel tempo.

Gli attacchi distribuiti denial-of-service (DDoS) possono sfruttare algoritmi per coordinare l'attacco da un gran numero di dispositivi, sovraccaricando il server bersaglio.

Gli algoritmi possono essere utilizzati per personalizzare e ottimizzare le e-mail di phishing, creando messaggi che sembrano provenire da fonti attendibili e ingannando le vittime.

Gli attacchi di inserimento SQL sfruttano algoritmi per trovare vulnerabilità nei database e iniettare comandi dannosi. Tali attacchi possono portare alla divulgazione non autorizzata di dati sensibili.

Misure di difesa contro minacce informatiche basate su algoritmi

Ecco alcuni sistemi di protezione contro gli attacchi informatici: utilizzare password lunghe e complesse e implementare l'autenticazione multi-fattore per impedire gli attacchi di forza bruta e proteggere l'accesso ai sistemi.

Mantenere sistemi operativi, software e applicazioni costantemente aggiornati per rimediare a vulnerabilità note e prevenire l'attacco di malware evolutivo.

Utilizzare IDS basati su algoritmi di machine learning per monitorare costantemente il traffico di rete alla ricerca di comportamenti sospetti o anomalie.

Utilizzare soluzioni di mitigazione DDoS per filtrare il traffico malevolo e garantire che i server rimangano accessibili.

Implementare soluzioni per rilevare e bloccare e-mail di phishing, identificando messaggi sospetti in base a criteri definiti e al comportamento dell'utente.

Implementare controlli di validazione e sanificazione dei dati per impedire gli attacchi di inserimento SQL, garantendo che i dati inseriti siano conformi alle aspettative.

Fornire formazione regolare agli utenti per renderli consapevoli delle minacce informatiche e delle best practice di sicurezza, come l'identificazione delle e-mail di phishing.

Utilizzare firewall e filtri per limitare il traffico non autorizzato e proteggere i servizi esposti su Internet.

La difesa contro minacce informatiche basate su algoritmi richiede un approccio olistico alla sicurezza informatica. È essenziale rimanere aggiornati sulle minacce emergenti, adottare le migliori pratiche di sicurezza e utilizzare tecnologie avanzate per rilevare e prevenire tali minacce. La consapevolezza e l'educazione sono altrettanto importanti, poiché gli utenti svolgono un ruolo chiave nella prevenzione delle minacce informatiche.

L'importanza della Cibersicurezza nel Mondo degli Algoritmi

La cibersicurezza riveste un ruolo fondamentale nel mondo degli algoritmi a causa dell'ampia diffusione di quest'ultimi e del crescente accesso ai dati sensibili. Ecco perché la cibersicurezza è cruciale in questo contesto.

Gli algoritmi spesso elaborano e analizzano dati sensibili, come informazioni personali, dati finanziari o informazioni aziendali. La cibersicurezza è essenziale per proteggere questi dati da accessi non autorizzati e divulgazioni indesiderate.

Gli algoritmi basati su dati devono essere protetti dall'alterazione non autorizzata. La cibersicurezza contribuisce a garantire che i dati non vengano manomessi durante il processo algoritmico.

Gli algoritmi possono essere esposti a minacce informatiche sofisticate, come malware, attacchi di forza bruta e intrusioni. La cibersicurezza aiuta a identificare e mitigare queste minacce, proteggendo gli algoritmi e i dati da attacchi dannosi.

Gli attaccanti possono mirare agli algoritmi stessi per compromettere i risultati delle analisi o per ottenere l'accesso a sistemi o dati sensibili. La cibersicurezza è fondamentale per proteggere gli algoritmi da attacchi mirati.

Gli utenti e i clienti devono avere fiducia che i servizi basati su algoritmi siano sicuri e rispettino la privacy. Una violazione della sicurezza può compromettere la fiducia del pubblico.

Le violazioni della sicurezza informatica possono danneggiare la reputazione delle organizzazioni. La cibersicurezza è essenziale per proteggere l'immagine e la reputazione dell'azienda.

Molte giurisdizioni hanno leggi rigorose sulla protezione dei dati personali, come il GDPR in Europa. Le organizzazioni devono essere conformi a queste normative, e la cibersicurezza è fondamentale per rispettarle.

Sviluppo di algoritmi sicuri

Integrare la cibersicurezza nella progettazione e nello sviluppo degli algoritmi è cruciale. Ciò significa considerare la sicurezza fin dall'inizio e implementare misure di protezione a ogni fase del ciclo di vita dell'algoritmo.

La cibersicurezza non è un evento singolo, ma un processo continuo. Il monitoraggio costante e l'aggiornamento delle misure di sicurezza sono essenziali per mantenere al sicuro gli algoritmi.

In sintesi, la cibersicurezza è una parte integrante dell'implementazione e della gestione responsabile degli algoritmi. Garantire la sicurezza degli algoritmi e dei dati è fondamentale per preservare la fiducia degli utenti, evitare violazioni dei dati e rispettare le normative sulla privacy. In un mondo in cui gli algoritmi giocano un ruolo sempre più centrale nella nostra vita, la cibersicurezza diventa un pilastro fondamentale per garantire un ambiente digitale sicuro.

In conclusione, la sicurezza informatica è fondamentale nel contesto degli algoritmi, poiché sono spesso coinvolti nella raccolta e nell'elaborazione di dati sensibili. La protezione dei dati personali, la difesa contro minacce informatiche basate su algoritmi e la consapevolezza della cibersicurezza sono elementi essenziali per garantire un ambiente digitale sicuro. La collaborazione tra esperti di sicurezza informatica e sviluppatori di algoritmi è fondamentale per mitigare i rischi e proteggere le informazioni sensibili.

Capitolo 9

Algoritmi e l'Esplorazione dello Spazio

L'utilizzo degli algoritmi nell'esplorazione spaziale e nell'astronomia è fondamentale per acquisire una comprensione più approfondita dell'universo e per affrontare sfide complesse. Questo capitolo esplorerà in dettaglio come gli algoritmi sono utilizzati in queste discipline, il ruolo che svolgono nella ricerca di vita extraterrestre e le prospettive future per il loro utilizzo nello studio dell'universo.

Utilizzo degli Algoritmi nell'Esplorazione Spaziale e nell'Astronomia

Gli algoritmi svolgono un ruolo fondamentale nell'esplorazione spaziale e nell'astronomia, contribuendo a migliorare la comprensione dell'universo, la pianificazione di missioni spaziali e l'analisi dei dati provenienti da telescopi e sonde spaziali. Ecco alcuni modi in cui gli algoritmi sono utilizzati in questi campi.

Navigazione Spaziale

Gli algoritmi sono utilizzati per calcolare le manovre di controllo necessarie per inserire sonde spaziali in orbita attorno a pianeti o per posizionarle su traiettorie specifiche.

Per le missioni con equipaggio umano, gli algoritmi calcolano il percorso e i punti di rifornimento lungo la traiettoria per minimizzare il carico trasportato.

Rilevamento e Analisi di Eventi Astronomici

Gli algoritmi di ricerca e riconoscimento di oggetti sono utilizzati per individuare pianeti extrasolari e stelle in base ai dati raccolti da telescopi.

Scoperta di Supernove e Asteroidi: Algoritmi di analisi delle immagini aiutano a identificare eventi astronomici come supernove e asteroidi in modo automatizzato.

Ottimizzazione delle Missioni

Gli algoritmi ottimizzano la pianificazione di missioni spaziali, tenendo conto delle finestre di lancio, delle traiettorie ottimali e degli obiettivi scientifici.

Le missioni spaziali richiedono la gestione efficiente delle risorse, come il carburante e l'energia. Gli algoritmi contribuiscono a massimizzare l'uso di queste risorse.

Elaborazione di Dati Astronomici

Gli algoritmi elaborano grandi quantità di dati astronomici, eliminando il rumore e identificando segnali astronomici.

Algoritmi di apprendimento automatico vengono utilizzati per identificare pattern e relazioni nei dati astronomici, aiutando a fare scoperte scientifiche.

Ricerca di Vita Extraterrestre

Gli algoritmi sono utilizzati per analizzare segnali radio provenienti dallo spazio alla ricerca di potenziali segnali di vita extraterrestre.

Previsione e Monitoraggio degli Eventi Celesti

Gli algoritmi calcolano le orbite di oggetti celesti come comete e asteroidi, aiutando a prevedere le loro future posizioni.

Gli algoritmi prevedono date e posizioni delle eclissi solari e lunari.

L'utilizzo degli algoritmi nell'esplorazione spaziale e nell'astronomia è cruciale per massimizzare il valore scientifico delle missioni, scoprire nuovi fenomeni cosmici e pianificare missioni spaziali complesse. La combinazione di competenze scientifiche e di ingegneria con algoritmi avanzati ha aperto nuove frontiere nell'osservazione e nella comprensione dell'universo.

Il Ruolo degli Algoritmi nella Ricerca di Vita Extraterrestre

La ricerca di vita extraterrestre è una delle sfide scientifiche più affascinanti e gli algoritmi giocano un ruolo fondamentale in questa ricerca. Gli algoritmi sono utilizzati per rilevare segnali di vita al di fuori della Terra.

Gli algoritmi vengono utilizzati per analizzare segnali radio provenienti dallo spazio alla ricerca di segnali che potrebbero essere indicativi di vita intelligente. Questi segnali possono essere sotto forma di onde radio coerenti o modulazioni particolari che si discostano dai segnali naturali. Gli algoritmi eseguono analisi di spettro, rilevamento di modulazioni e riconoscimento di pattern per identificare queste anomalie.

Poiché la quantità di dati raccolti da radiotelescopi e altre apparecchiature è enorme, gli algoritmi di filtraggio vengono utilizzati per eliminare il rumore e concentrarsi su segnali potenzialmente interessanti. Questi filtri possono eliminare interferenze terrestri, segnali naturali o errori strumentali.

Gli algoritmi di analisi statistica valutano la significatività dei segnali rilevati. La probabilità che un segnale sia il risultato di processi naturali viene confrontata con la probabilità che sia di origine extraterrestre. Questo aiuta a stabilire la credibilità dei segnali.

Alcuni algoritmi utilizzano tecniche di riconoscimento dei pattern per individuare sequenze o modelli in segnali radio che potrebbero essere segnali di comunicazione intenzionale. Questo può includere l'individuazione di sequenze matematiche o logiche.

L'apprendimento automatico è impiegato per migliorare la capacità di identificare segnali insoliti o sospetti in enormi set di dati. Gli algoritmi di machine learning possono addestrarsi su dati storici per identificare nuovi tipi di segnali.

Catalogazione e Archiviazione

Gli algoritmi aiutano nella catalogazione e nell'archiviazione dei dati raccolti da diversi telescopi e antenne. Questi sistemi consentono di tenere traccia di segnali promettenti e di fornire un accesso efficiente ai dati per i ricercatori.

La ricerca di vita extraterrestre è un campo multidisciplinare che coinvolge astronomi, astrobiologi, ingegneri e scienziati informatici. Gli algoritmi forniscono uno strumento essenziale per affrontare la vastità e la complessità dei dati spaziali. Se un giorno verranno rilevati segnali di vita extraterrestre, sarà grazie all'apporto cruciale degli algoritmi nell'analisi dei dati cosmici.

Il progetto Seti@home utilizza algoritmi di elaborazione distribuita per analizzare segnali radio provenienti dallo spazio profondo alla ricerca di segni di vita extraterrestre. Le ricerche comprendono la ricerca di modelli e sequenze indicative di intelligenza extraterrestre.

Gli algoritmi sono utilizzati per analizzare dati di trappole di luce e dati spettrografici allo scopo di scoprire esopianeti. Questi algoritmi cercano variazioni periodiche nella luce emessa da stelle, che possono indicare la presenza di pianeti in orbita.

Gli algoritmi continueranno a rivestire un ruolo sempre più centrale nello studio dell'universo, poiché la tecnologia e la comprensione delle scienze spaziali continuano a evolversi. Ecco alcune delle prospettive future per l'uso di algoritmi nella ricerca cosmica:

Esplorazione Spaziale Avanzata

L'esplorazione spaziale sta entrando in un'era di crescita con l'invio di sonde spaziali sempre più sofisticate. Gli algoritmi saranno fondamentali per la navigazione, la pianificazione di traiettorie e la raccolta e l'analisi dei dati provenienti da pianeti, lune e asteroidi. La ricerca di vita, passata o presente, su Marte e altre lune del sistema solare richiederà algoritmi avanzati per interpretare i dati raccolti.

Telescopi e Rivelatori Avanzati

Nuovi telescopi e rivelatori, come il telescopio James Webb, stanno aprendo nuove finestre sulla comprensione dell'universo. Gli algoritmi saranno necessari per elaborare e analizzare enormi quantità di dati provenienti da questi strumenti, consentendo di studiare esopianeti, buchi neri, materia oscura e molto altro.

Apprendimento Automatico nell'Astronomia

L'apprendimento automatico sarà sempre più utilizzato per identificare oggetti celesti, classificare stelle, galassie e supernove e per scoprire correlazioni complesse nei dati astronomici. Ciò migliorerà la nostra comprensione dei fenomeni cosmici e la scoperta di nuovi oggetti astronomici.

Ricerca di Vita Extraterrestre

La ricerca di vita extraterrestre continuerà a essere un obiettivo importante, e gli algoritmi giocheranno un ruolo chiave nell'analisi dei segnali e dei dati raccolti. Algoritmi avanzati di intelligenza artificiale potrebbero aiutare a individuare modelli o segnali insoliti nei dati che potrebbero essere indicativi di vita.

Astronomia Multi-Messaggio

L'integrazione di dati da diverse fonti, come telescopi ottici, radio, infrarossi e gravitazionali, diventerà sempre più comune. Gli algoritmi saranno utilizzati per correlare e analizzare questi dati multi-messaggio, consentendo di ottenere una visione più completa di eventi astronomici complessi.

Algoritmi Quantistici

Con lo sviluppo di computer quantistici, la capacità di risolvere problemi complessi in astronomia e cosmologia verrà notevolmente migliorata. Algoritmi quantistici potrebbero rivoluzionare l'ottimizzazione di traiettorie spaziali, la crittografia quantistica e la simulazione di sistemi astrofisici complessi.

Scienza dei Dati Spaziali

La scienza dei dati spaziali diventerà una disciplina interdisciplinare di grande rilievo, unendo astronomia, informatica, fisica e matematica. Gli scienziati dei dati spaziali svilupperanno algoritmi per gestire, analizzare e interpretare grandi insiemi di dati provenienti dallo spazio.

In conclusione, gli algoritmi giocano un ruolo chiave nell'esplorazione dello spazio e nell'astronomia, contribuendo a migliorare l'acquisizione e l'analisi dei dati astronomici. Essi rappresentano anche uno strumento fondamentale nella ricerca di vita extraterrestre. Nel futuro, con l'avvento dell'intelligenza artificiale e le missioni spaziali avanzate, gli algoritmi saranno sempre più centrali nello studio dell'universo, promettendo di ampliare la nostra comprensione del cosmo e delle potenziali forme di vita al di fuori della Terra.

Conclusioni

Nel corso di questa discussione dettagliata sugli algoritmi, abbiamo esaminato un'ampia gamma di temi, dalle loro basi e funzionamenti fino alle sfide etiche e alle opportunità che presentano nella nostra società. Ecco un riepilogo dei punti chiave e delle lezioni apprese:

Cos'è un algoritmo: Abbiamo iniziato con una definizione di base degli algoritmi come serie di istruzioni per risolvere un problema o eseguire una specifica attività.

Applicazioni degli algoritmi: Abbiamo esplorato un'ampia varietà di campi in cui gli algoritmi svolgono un ruolo fondamentale, dalla ricerca su internet all'intelligenza artificiale, dalla medicina alla finanza.

Apprendimento automatico: Ci siamo soffermati sull'apprendimento automatico e sulle reti neurali, evidenziando il loro potenziale trasformativo nell'analisi dei dati e nelle applicazioni AI.

Etica degli algoritmi: Abbiamo esaminato le sfide etiche legate agli algoritmi, inclusi il bias nei dati, la privacy e la responsabilità delle decisioni algoritmiche.

Implicazioni future degli algoritmi nella nostra società

Crescente ubiquità: Gli algoritmi stanno diventando sempre più ubicui nella nostra vita quotidiana, influenzando come interagiamo con la tecnologia e come vengono prese decisioni importanti.

Impatto economico e sociale: Gli algoritmi stanno avendo un impatto significativo sull'economia, sull'occupazione e sulla distribuzione della ricchezza. Hanno il potenziale per migliorare l'efficienza, ma possono anche esacerbare le disuguaglianze.

Algoritmi quantistici: L'emergenza degli algoritmi quantistici potrebbe rivoluzionare la crittografia e le applicazioni informatiche avanzate, aprendo nuove frontiere di calcolo e simulazione.

Esplorazione spaziale e ricerca di vita extraterrestre: Gli algoritmi giocano un ruolo cruciale nell'esplorazione dello spazio e nella ricerca di vita al di fuori della Terra, contribuendo a scoperte scientifiche fondamentali.

Trasparenza e responsabilità: È fondamentale che le organizzazioni che sviluppano e utilizzano gli algoritmi siano trasparenti riguardo al funzionamento dei propri sistemi e siano pronte a rispondere delle decisioni prese dagli algoritmi.

Consapevolezza etica: Le decisioni relative agli algoritmi devono essere prese in modo etico, con una valutazione accurata degli impatti che possono avere sulla società e sull'individuo.

Formazione e normative: La formazione e le normative sulle questioni etiche e giuridiche legate agli algoritmi sono fondamentali per garantire una gestione responsabile.

Controllo umano: Nonostante l'automazione, il controllo e l'interpretazione umana rimangono essenziali per prendere decisioni informate basate su dati algoritmici.

In conclusione, gli algoritmi sono diventati un pilastro della nostra società, offrendo molte opportunità e sfide. La nostra capacità di sfruttare appieno il potenziale degli algoritmi dipenderà dalla nostra gestione responsabile e consapevole. Dovremo affrontare le sfide etiche e le implicazioni sociali in modo ponderato, in modo da garantire che gli algoritmi contribuiscano al progresso umano senza compromettere i nostri valori fondamentali.

INDICE

Con riconoscenza e apprezzamento desidero menzionare Palma per il suo straordinario contributo alla realizzazione di questo libro. Il suo impegno, la sua dedizione e la sua competenza sono stati fondamentali per il successo di questo progetto. Grazie, Palma, per il tuo prezioso contributo.

Ancora una volta, grazie di cuore per il tuo impegno e la tua dedizione.

Con sincera gratitudine